石油石化现场作业安全检查系列丛书

起重作业安全检查

中国石油化工股份有限公司炼油事业部
青岛诺诚化学品安全科技有限公司
组织编写

U0808889

中国石化出版社

内 容 提 要

本书是《石油石化现场作业安全检查系列丛书》之一，以现行标准规范为基础，结合现场安全管理经验编制，全书分为资质审查、起重吊装作业方案、起重机械、起重吊索具及起重吊装作业安全管理等五个部分。

本书采用口袋书的形式，图文并茂地将现场安全作业标准以正反两方面案例的形式展示出来，特别适合作为石油石化行业和建筑行业施工现场作业负责人（包括班组长）、安全管理人员、监护人以及作业人员的培训教材。

图书在版编目（CIP）数据

起重作业安全检查 / 中国石油化工股份有限公司炼油事业部，青岛诺诚化学品安全科技有限公司组织编写. —北京：中国石化出版社，2019.8（2023.2重印）
（石油石化现场作业安全检查系列丛书）
ISBN 978-7-5114-5473-7

Ⅰ. ①起… Ⅱ. ①中… ②青… Ⅲ. ①起重机械－安全检查 Ⅳ. ①TH210.8

中国版本图书馆CIP数据核字(2019)第155929号

中国石化出版社出版发行

地址：北京市东城区安定门外大街58号
邮编：100011　电话：(010) 57512500
发行部电话：(010) 57512575
http://www.sinopec-press.com
E-mail:press@sinopec.com
北京富泰印刷有限责任公司印刷
全国各地新华书店经销
*
787×1092毫米32开本2印张24千字
2019年8月第1版　2023年2月第3次印刷
定价：20.00元

编写人员

主　　编：谷　涛

编写人员：谷　涛　马景涛　李恩泉

王才中　唐　政　董　梅

前　言

石油石化现场作业涉及多工种、多层次的统筹管理，管理界面复杂，且存在大量高风险作业。安全检查作为一种现场使用最普遍的安全管理手段，可有效发现和消除隐患、落实安全措施、预防事故发生，特别是在现场直接作业环节管理方面起到了关键性作用。

为了提高现场安全检查针对性及专业性，实现安全检查标准化，中国石油化工股份有限公司炼油事业部和青岛诺诚化学品安全科技有限公司依据国家法规、标准，在总结中国石化多年成功安全管理经验、标准化做法和事故案例基础上，编写了《石油石化现场作业安全检查系列丛书》。该丛书以图文并茂的形式将现场高风险作业环节、设备的安全检查要点以正反两方面案例的形式展示出来。一方面用以规范现场安全管理，并实现安全检查标准化，解决因个体安全知识不足带来的管理不确定性和管理标准混乱的难题；另一方面“典型违章案例”与“检查要点”配合使用，强化了现场管理人员和操作人员履职尽责、规范操作的警示作用，同时也为检查人员迅速准确地发现违章行为和违章状态，提高现场安全检查水平提供了逼真直观的教材。

本书是《石油石化现场作业安全检查系列丛书》的分册之一，主要参考 GB 50484—2008《石油化工建设工程施工安全技术规范》、GB 50798—2012《石油化工大型设备吊装工程规范》、GB 6067—2010《起重机械安全规程》及 SH/T 3536—2011《石油化工工程起重施工规范》编制。内容涵盖资质审查、起重作业方案、起重机械、起重吊索具及起重作业安全管理等。

由于编写水平和时间有限，本书内容尚存不足之处，敬请各位读者指正并提出宝贵意见。

目录

1 资质审查……1

1.1 人员资质……1

1.2 设备资质……2

2 起重吊装作业方案……5

3 起重机械……8

3.1 塔式起重机……8

3.2 流动式起重机……11

3.3 卷扬机……17

3.4 倒链……19

4 起重吊索具……22

4.1 钢丝绳……22

4.2 吊装带 ······ 33
4.3 卸扣 ······ 38
4.4 滑轮 ······ 40
4.5 吊钩 ······ 42
4.6 钢板吊钳 ······ 44
4.7 钢丝绳夹 ······ 45

5 起重吊装作业安全管理 ······ 46

5.1 地基处理 ······ 46
5.2 吊物系溜 ······ 47
5.3 过程安全管理 ······ 49

1 资质审查

1.1 人员资质

（1）特种作业人员应持有国家质量技术监督检验总局及其下属部门颁发的特种设备作业人员操作证方可从事相应作业。

（2）特种设备作业人员操作证需经过监理或项目主管部门审查、备案。

起重机械作业
- 起重机械机械安装维修Q1
- 起重机械电气安装维修Q2
- 起重机械指挥Q3
- 桥门式起重机司机Q4
- 塔式起重机司机Q5
- 门座式起重机司机Q6
- 缆索起重机司机Q7
- 流动式起重机司机Q8
- 升降机司机Q9
- 机械式停车设备司机Q10

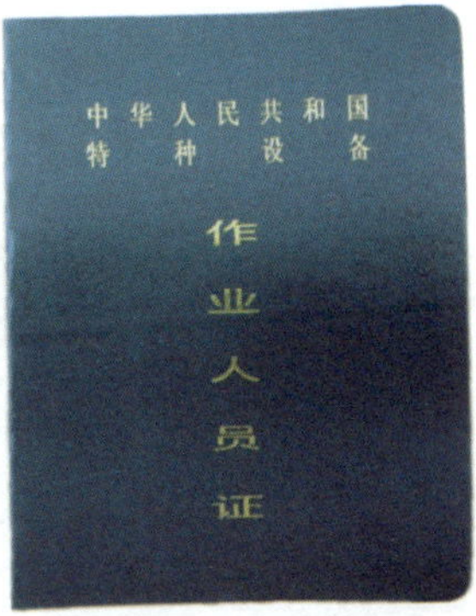

（3）汽车式和轮胎式起重机道路行驶时，驾驶人员应持有 B2 以上机动车驾驶证。

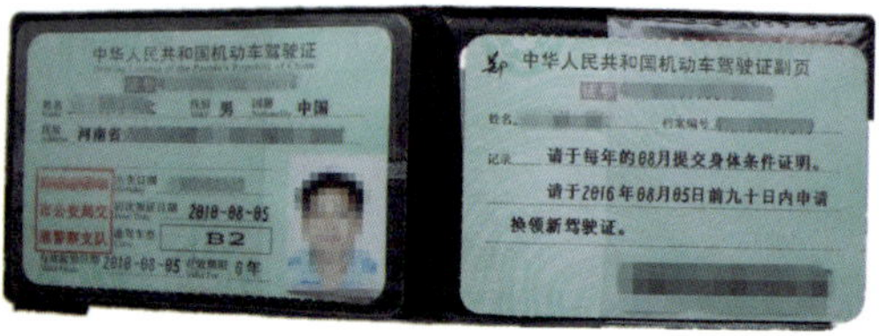

1.2　设备资质

（1）起重机械必须具有产品合格证和安全使用、维护、保养说明书，其生产厂家必须具有政府主管部门颁发的相关资质，其安全、防护装置必须齐全、完备。

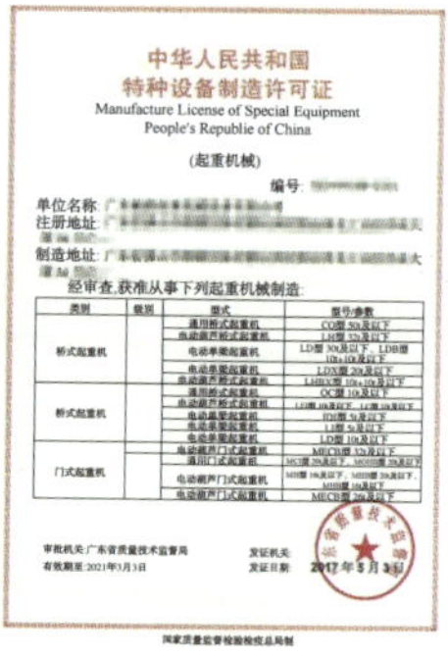

（2）设计、制造、改制、维修、安装、拆除起重机械（包括临时、三级起重机械），需由取得当地政府相应部门或其授权机构颁发许可证的单位进行。改造、安装后的起重装备，应取得当地政府相关部门颁发的使用许可证后，方可使用。

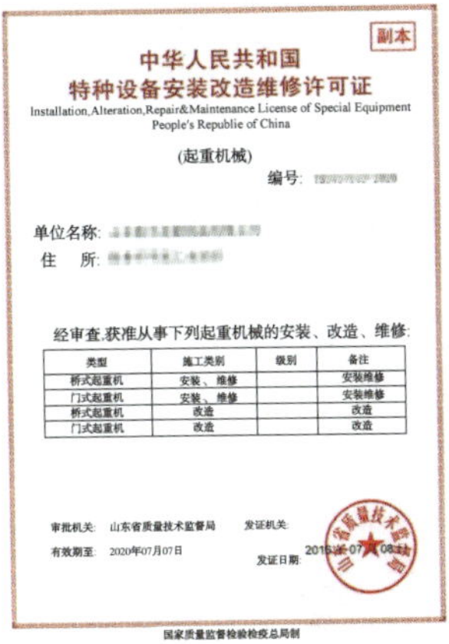

副本

中华人民共和国
特种设备安装改造维修许可证
Installation,Alteration,Repair&Maintenance License of Special Equipment
People's Republie of China

(起重机械)

编号：

单位名称：

住　所：

经审查,获准从事下列起重机械的安装、改造、维修：

类型	施工类别	级别	备注
桥式起重机	安装、维修		安装维修
门式起重机	安装、维修		安装维修
桥式起重机	改造		改造
门式起重机	改造		改造

审批机关：山东省质量技术监督局　　发证机关：

有效期至：2020年07月07日　　发证日期：2016年07月08日

国家质量监督检验检疫总局制

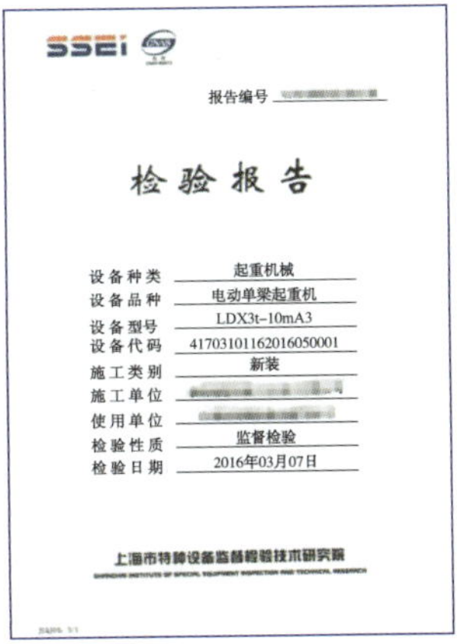

SSEi

报告编号

检验报告

设备种类	起重机械
设备品种	电动单梁起重机
设备型号	LDX3t-10mA3
设备代码	41703101162016050001
施工类别	新装
施工单位	
使用单位	
检验性质	监督检验
检验日期	2016年03月07日

上海市特种设备监督检验技术研究院

（3）自制、改造和修复的吊具、索具等简易起重设备，必须有设计资料（包括图纸、计算书等），并予以存档。自制、改造和修复简易起重设备必须严格按照图纸执行，并经具有检验资质的机构检验合格后方可使用。

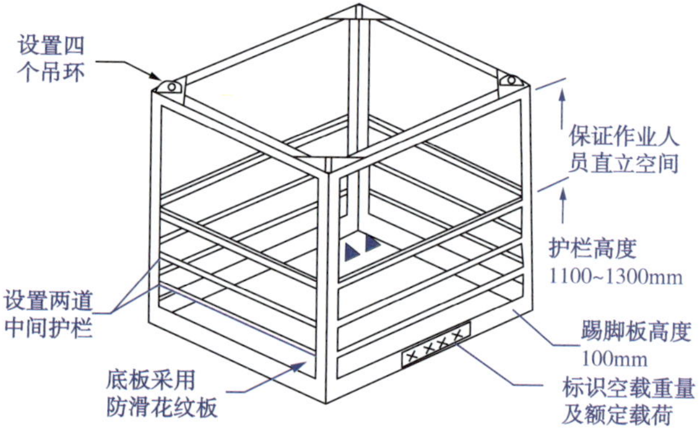

自制吊篮构造示意图

2 起重吊装作业方案

（1）起重作业按起吊工件重量和长度划分为三个等级，一级为重量100t及以上或长度60m及以上；二级为重量40t（含40t）至100t；三级为重量40t以下。

一级

二级

三级

（2）起重重量大于40t的重物，或不足40t，但形状复杂、刚度小、长径比大、精密贵重、作业条件特殊的物件，必须编制起重作业方案，作业方案由施工单位负责编制。

（3）大型起重吊装、符合危险性较大的分部分项工程的起重吊装，施工单位必须编制起重吊装作业方案，组织专家论证后，经监理单位审批后报建设方或总承包商相关部门审核、备案。

（4）大型吊装还应实行吊装命令书制度，按照技术安全检查要求进行吊装前的检查，并确认符合要求，试吊合格后吊装作业总指挥应签署“吊装命令书”并下达吊装命令，方可进行吊装作业。起吊

前设备离开地面 200mm 左右，再进行复检确认无问题后开始正式起吊。

建设工程项目名称		设备名称	
方案编号		执行单位	
责 任 人 员			
起重队长(施工主任)		安全责任人员	
方案编制人		机械责任人员	
吊装责任工程师		质量责任人员	
____________吊装现场准备工作完毕，起重施工作业人员已上岗待命，请总指挥下达吊装命令。 吊装指挥签字　　年　月　日			
吊　装　命　令 ____________吊装施工准备工作经联合检查确认符合吊装方案要求，岗位责任人员资格审查合格，安全质量措施落实，准予试吊，试吊过程由安全质量体系责任人员检查确认后进行正式吊装，请吊装指挥执行命令。 总指挥签字　　年　月　日			

吊装命令书

（5）对于施工区域内有多个大型吊装的施工单位，还需要编制吊装规划——即吊装总体计划部署。

3 起重机械

3.1 塔式起重机

（1）风力达到四级以上时不得进行顶升、安装、拆卸作业。

（2）顶升前必须检查液压顶升系统各部件连接情况，顶升时严禁回转臂杆和其他作业。

（3）在无载荷情况下，塔身与地面的垂直度偏差不得超过 4/1000。

垂直偏差≤ 4/1000

（4）塔式起重机的金属结构、轨道及所有电气设备的金属外壳应有可靠的接地装置，接地电阻不应大于4Ω，并应设立避雷装置。

接地电阻≤4Ω

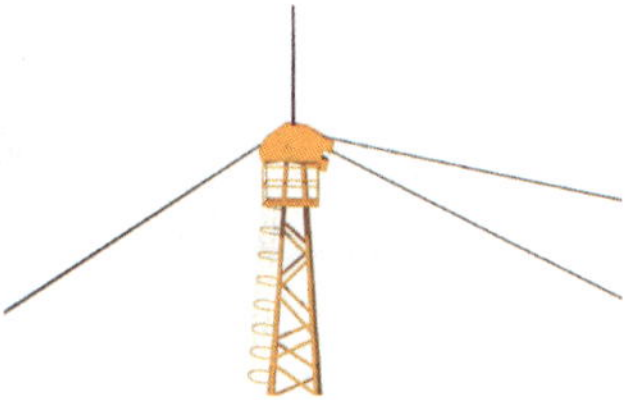

避雷装置

（5）塔式起重机不得靠近架空输电线路作业，如限于现场条件，必须在线路旁作业时，必须采取安全保护措施。

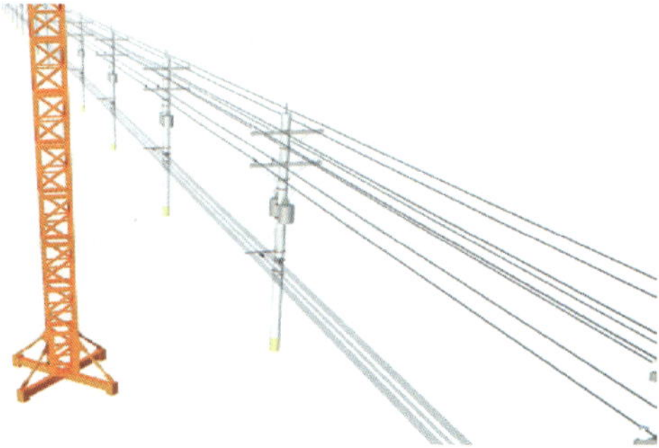

（6）塔机的尾部与周围建筑物及其外围施工设施之间的安全距离不小于 0.6m。

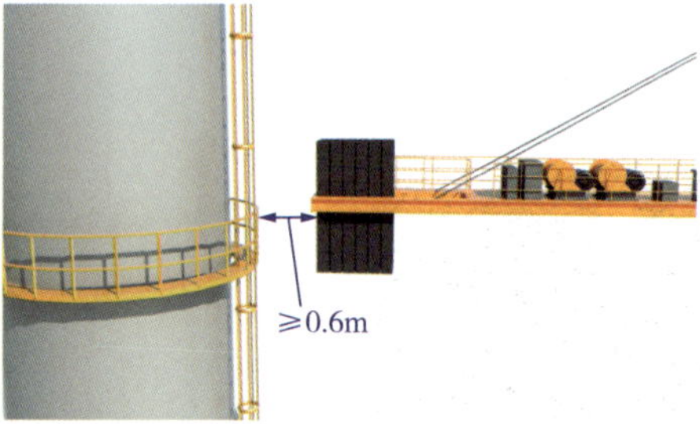

（7）两台塔机之间的最小架设距离应保证处于低位塔机的起重臂端部与另一台塔机的塔身之间至少有 5m 的距离；处于高位塔机的最低位置的部件与低位塔机中处于最高位置部件之间的垂直距离不应小于 2m。

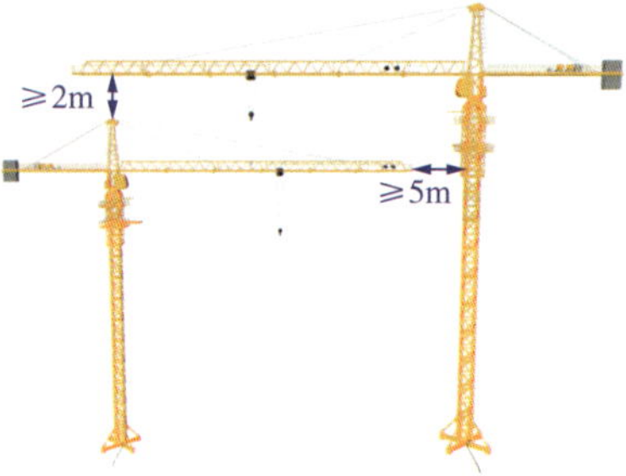

3.2 流动式起重机

3.2.1 支腿、垫板

（1）汽车式、轮胎式起重机吊装作业时支腿应全部打开（除因场地受限起重机械有半腿工况性能）。

标准化案例

违章案例

左侧支腿未全部伸出

（2）支腿的枕木应采用坚硬质地，且要求排列紧凑，面积按现场实际情况大于支腿板底部面积，枕木的布置必须总是保持水平的，用以保证液压千斤顶与支腿板相互垂直。

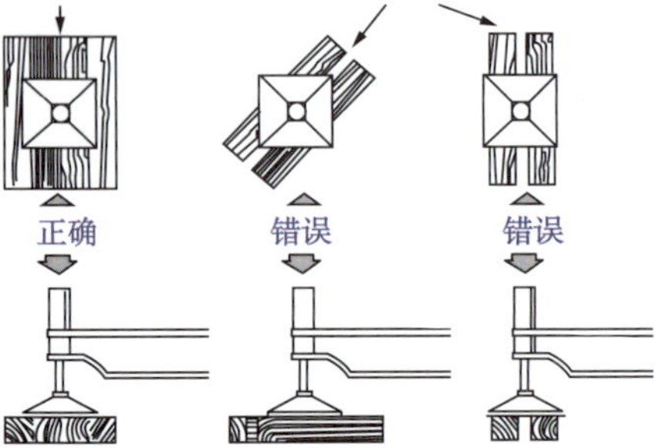

⊘ 违章案例

支腿垫板不平

垫板宽度不够

支腿无垫板

3.2.2 安全保护装置

起重机械安全保护装置应完好，设置正确。主要包括：

（1）上升极限位置限制器。

（2）力矩限制。

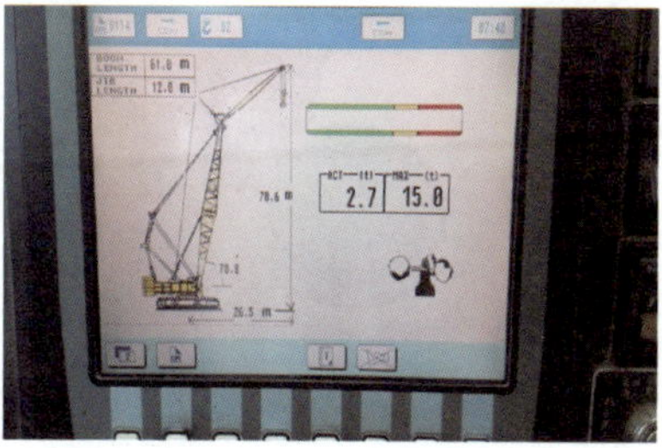

（3）防后倾保护装置。

（4）幅度指示器。

（5）水平仪。

（6）防止脱钩的安全装置。

3.2.3 液压系统

起重机械液压系统主要包括起升机构油路、变幅机构油路、吊臂伸缩油路、回转机构油路、支腿油路等。要求如下：

（1）液压取力器传动良好，液压油箱的最高和最低油位应有明显的油位标志，工作时处于正常液面。

（2）液压系统管路、接头、阀组等元件无渗漏现象。

（3）各阀门调定压力正常、动作正常，各连接件不得松动。

（4）马达运行平稳、无异常，液压杆伸缩平稳、无异常，软管无老化、扭曲、破损。

标准化案例

违章案例

液压系统泄漏、连接部位松动

3.3 卷扬机

（1）卷扬机的卷筒应有充足的卷绳量，剩余绳数大于 3 圈，满负荷工作大于 8 圈。

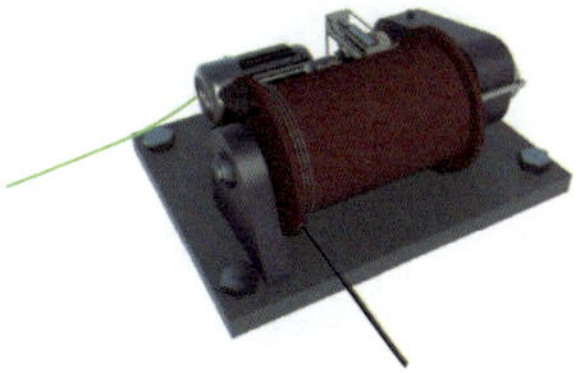

剩余绳数≥ 3 圈

剩余绳数≥ 8 圈

（2）使用时避免跑绳与设备进向交叉和与地面索具交叉。

违章案例

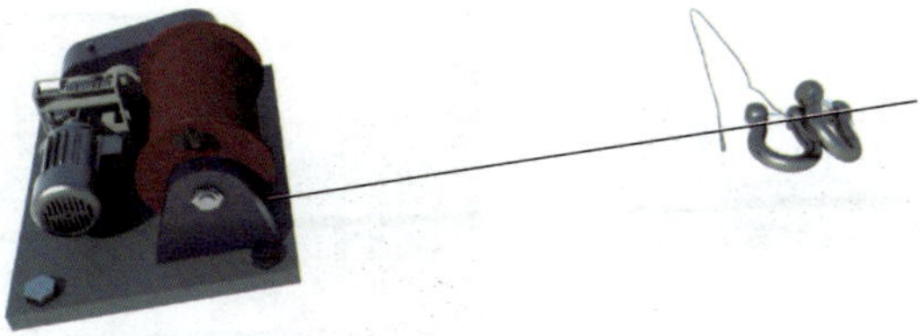

卷扬机跑绳与索具交叉

（3）采用双地锚两侧固定，受力时不得横向偏移，转动部件应润滑良好、制动可靠，电气设备和导线绝缘良好、接地可靠。

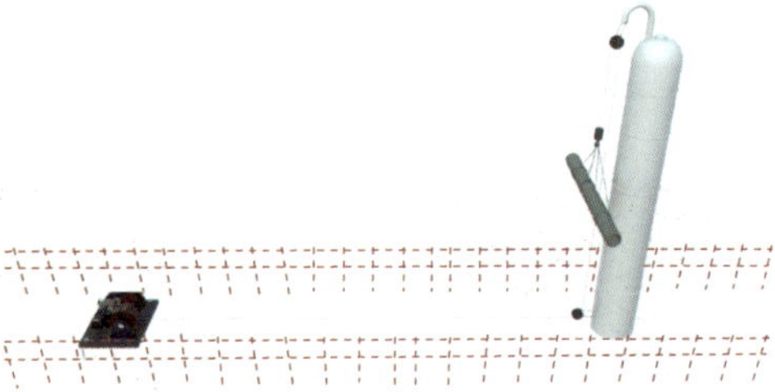

（4）钢丝绳在卷筒上应排列整齐，绳端固定牢靠，外露传动部分应加设防护罩，运转中不得拆除，露天工作的卷扬机应设置防雨棚。

标准化案例

违章案例

卷扬机绳索缠绕混乱

3.4 倒链

（1）每台产品必须具有产品合格证和安全使用、维护说明书，产品应有清晰、耐久的标牌，其安全、防护装置必须齐全、完备。

（2）检查所有转动件转动是否灵活、紧固件不得松动，各传动部件应定期加油脂润滑，制动器的摩擦表面之间必须保持清洁，无油污，以保证制动性能可靠。

（3）悬挂倒链的支承点必须牢固稳定。

标准化案例

⊘ 违章案例

承力管未置于承重梁上

违规使用脚手架做吊点

违规使用工艺管道做吊点

（4）用户不得改动产品的原设计，更换的零部件必须达到原设计要求。

⊘ 违章案例

改变倒链原有设计

（5）严禁将下吊钩回扣到起重链条上起吊重物。

⊘违章案例

下吊钩回扣到起重链条上

4 起重吊索具

4.1 钢丝绳

4.1.1 安全系数

应根据受载形式和现场情况确定钢丝绳的安全系数，合理选用钢丝绳的结构形式和确定索具尺寸。钢丝绳的使用安全系数应符合下列规定：

（1）作拖拉绳时，应大于或等于 3.5。

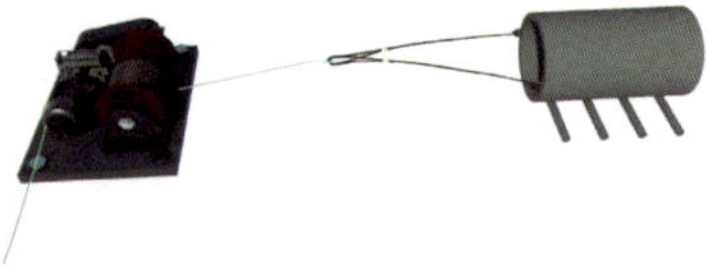

（2）作卷扬机走绳时，应大于或等于 5。

（3）作捆绑绳扣时，应大于或等于 6。

（4）作系挂绳扣时，应大于或等于 5。

（5）作载人吊篮时，应大于或等于 14。

4.1.2 使用注意事项

钢丝绳禁止超载使用，禁止单点吊装。

⊘ 违章案例

禁止单点吊装

（1）新钢丝绳应采用正确的方法开卷放劲；切断钢丝绳应预先扎紧切口两侧，并将断口处的每股钢丝融合。

正确的方式开卷放劲

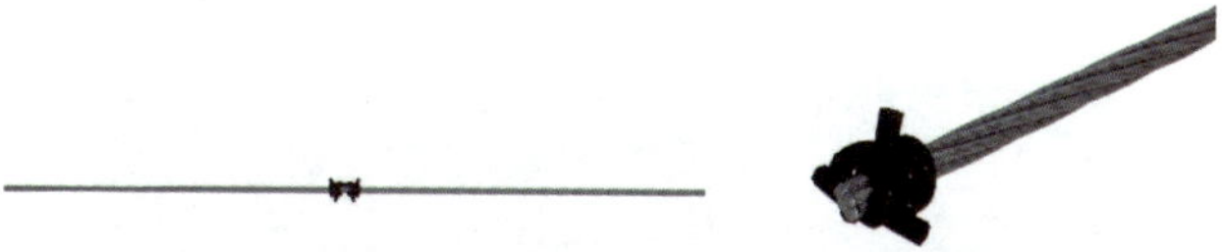

切断钢丝绳

（2）使用前应按标准进行检查，钢丝绳在使用过程中应经常检查，当发现磨损、锈蚀、断丝等现象时，应按相关规定，降低其使用能力，且折断之钢丝应从根部剪去，以免刮伤邻近断丝。

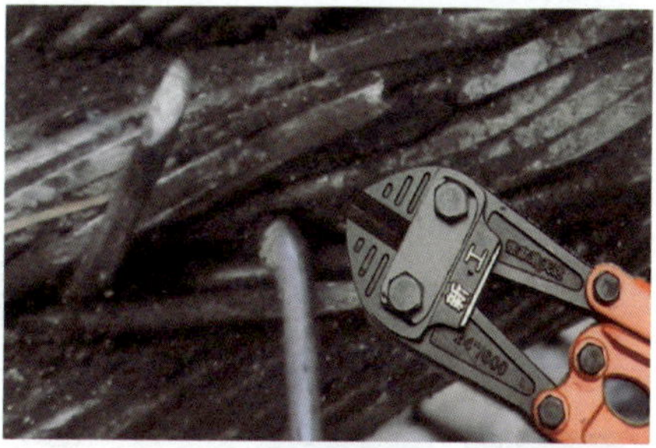

（3）使用过程中避免机械损伤、化学腐蚀和长时间水浸泡。

（4）注意防止与电线和电焊导线接触，保持充足的安全距离，采取可靠的防护措施。

⊘ 违章案例

钢丝绳被电焊灼伤

（5）采取有效措施避免履带式车辆直接碾压钢丝绳。

（6）不得直接接触物体的棱角，必须接触时应采取保护措施；不得成锐角折曲、扭结，也不得受夹、受砸而成扁平状。

⊘违章案例

钢丝绳与棱角直接接触

钢丝绳受砸呈扁平状

（7）应经常保持清洁、干燥、含油，长期不用的宜存放在库房内，露天存放时，应上盖下垫；现场暂时不用的钢丝绳或过长的钢丝绳应盘卷整齐，放在垫物上。

（8）插接长度应为绳径的 20~30 倍，绳径较粗的钢丝绳应选用较大的倍数。

☑ 标准化案例

钢丝绳插接规范

⊘ 违章案例

钢丝绳插接长度不够

4.1.3 报废标准

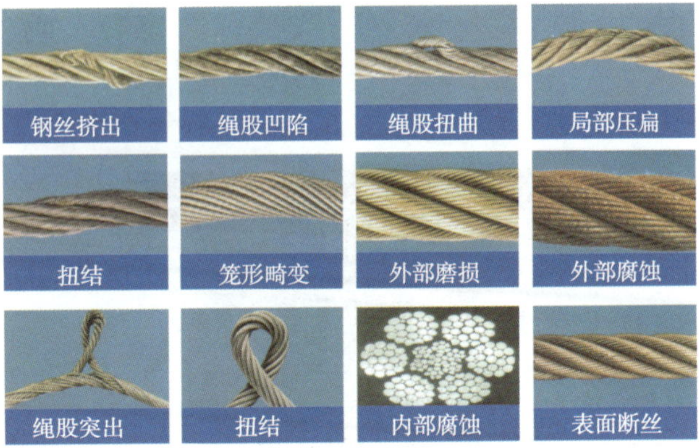

（1）交绕的钢丝绳在一个捻距（指任意一个钢丝绳股环绕一周的轴向距离）内的断丝数达该绳总丝数的 10%。

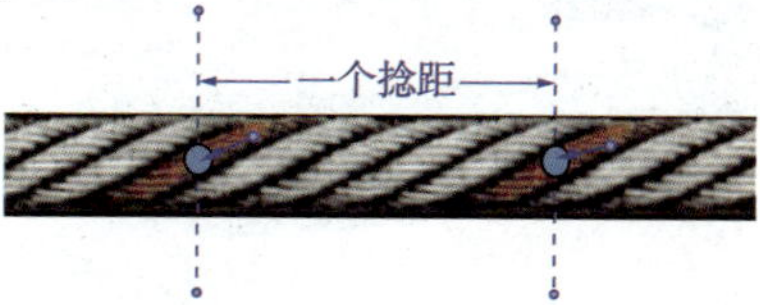

一个捻距内断丝：

6×19 + 1　10 根

6×37 + 1　20 根

6×61 + 1　30 根

（2）吊运炽热金属或危险品的钢丝绳，其报废断丝数取一般起重机的一半，如断丝现象集中发生于局部，或在 6 倍于钢丝绳直径长度内断丝集中发生在一股上，应按第（1）项中所规定的一半即可报废。

（3）钢丝绳表面层钢丝腐蚀或磨损达表面原丝径的 40%。

钢丝绳严重腐蚀导致丝径减少超过 40%

（4）钢丝绳有明显的内部腐蚀。

（5）钢丝绳直径减少量达 7%。

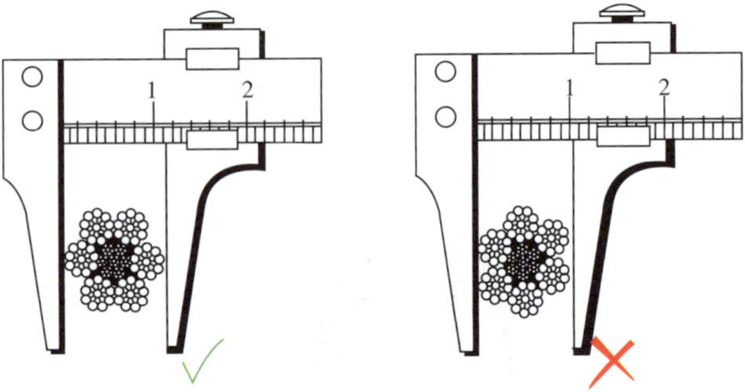

钢丝绳测量方法

（6）钢丝绳与铝合金接头部位有裂纹或滑移变形，插编钢丝绳索具插编部位有严重抽脱，浇铸钢丝绳锚具与钢丝绳连接处有位移，发生抽脱现象。

钢丝绳压头裂纹

钢丝绳插编部位有严重抽脱

（7）整股断裂或烧坏。

钢丝绳整股断裂

（8）局部外层钢丝绳伸长呈“笼”形或钢丝绳纤维芯的直径增大较严重。

（9）钢丝绳发生扭结、死角、硬弯、塑性变形、麻芯脱出等严重变形。

扭结

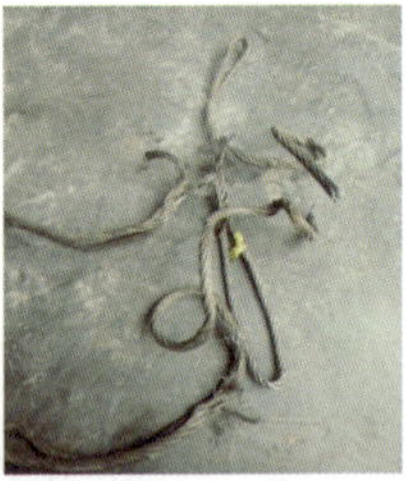

断丝

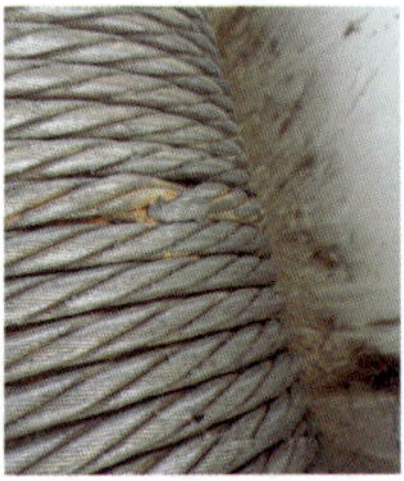

挤压变形

钢丝绳麻芯脱出

钢丝绳使用螺纹钢连接

4.2 吊装带

1000kg	紫色
2000kg	绿色
3000kg	黄色
4000kg	灰色
5000kg	红色
6000kg	褐色
8000kg	蓝色
10000kg	橘红色
12000kg	橘红色

4.2.1 使用注意事项

（1）吊装带的标记应包括带子材料及长度、最大安全工作载荷、制造或供货商及制造年月。

（2）吊装带使用时，不许采用拴结方法进行环绕。

⊘违章案例

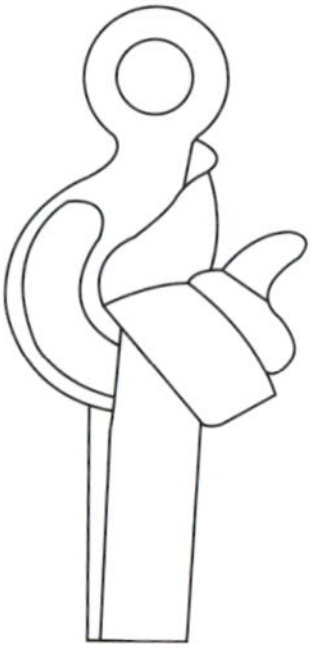

（3）应将吊装带直接挂入吊钩受力中心位置，不能挂在吊钩钩尖部位。

☑标准化案例

⊘违章案例

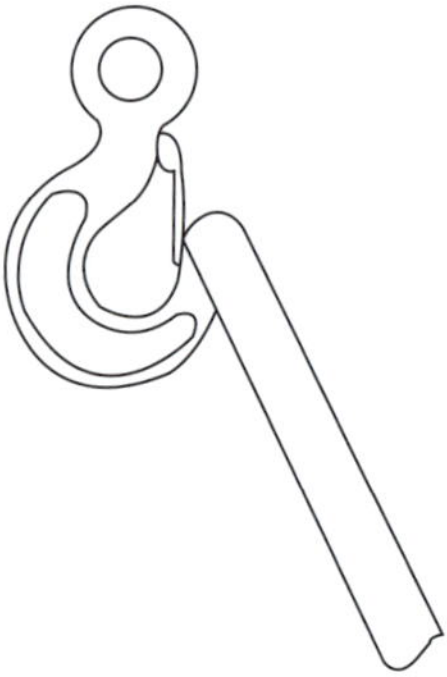

（4）在吊装过程中，吊装带不允许交叉、扭转，不允许打结、打拧，应采用正确的吊装带专用连接件来连接。

标准化案例　　　　违章案例

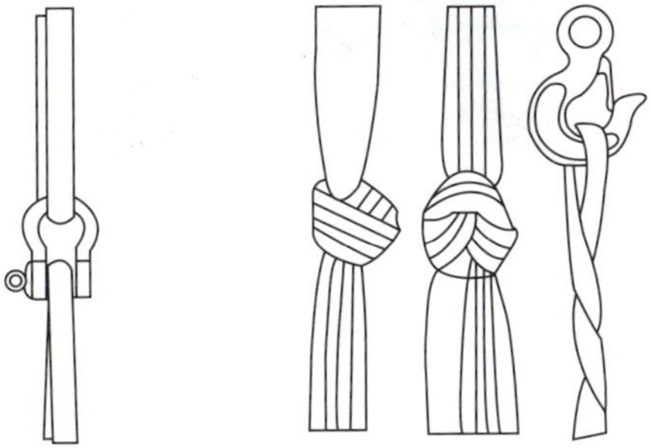

（5）当负载有尖角、棱边的货物时，必须采取护套、护角等方法来保护吊装带，以延长吊装带的使用寿命，严禁在粗糙表面使用吊装带。

标准化案例

⊘违章案例

吊装带与吊物棱角无衬垫防护

（6）不应将物品压在吊装带上；如必须从物品下方抽出吊装带，不应试图将吊装带从下面抽出来，造成危险，而应用物体垫起，留出足够的空间将吊装带顺利拿出来。

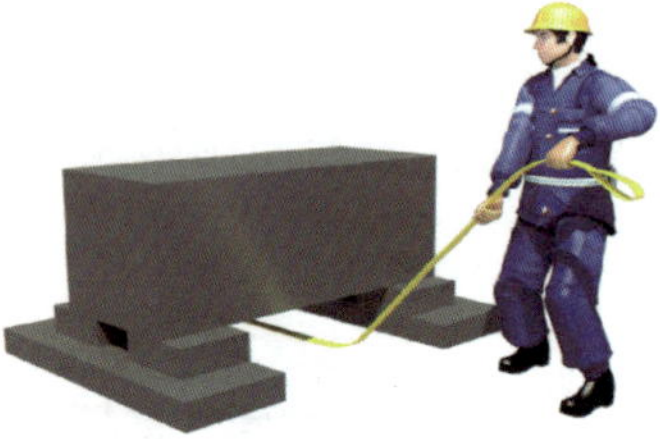

（7）不允许悬挂货物时间过长，避免冲击载荷，避免软环张开角度超过 20°，避免高温，远离酸碱环境。

4.2.2 报废标准

（1）吊装带（含保护套）严重磨损、穿孔、切口、撕断。

（2）承载接缝绽开、缝线磨断。

（3）吊装带纤维软化、老化、弹性变小、强度减弱。

（4）纤维表面粗糙易于剥落。

（5）吊装带出现死结。

（6）吊装带表面有过多点状疏松、腐蚀、酸碱烧损以及热熔化或烧焦。

（7）带有红色警戒线吊装带的警戒线裸露。

4.3 卸扣

（1）卸扣连接的两根绳索或吊环，应该一头套在横销上，另一头套在卸扣的弯环上，不准分别套在卸扣的两个直段上，以免卸扣横向受力。

标准化案例

违章案例

标准化案例

违章案例

标准化案例

违章案例

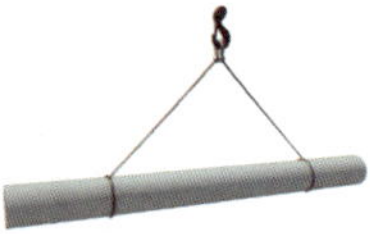

（2）一般不得使用横销无螺纹的卡环。如必须使用时，要有可靠的保障措施，以防横销滑出，发生事故。

标准化案例

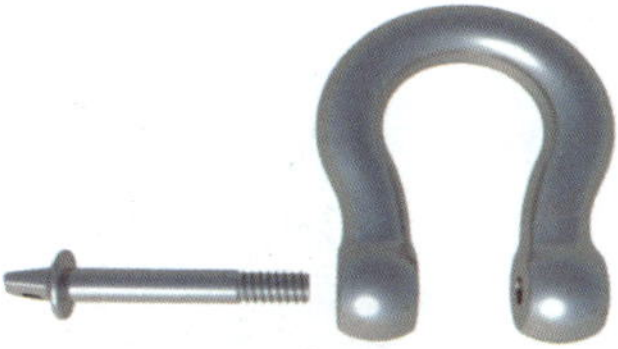

违章案例

卸扣横销过短不匹配

（3）使用中应避免卸扣在设备中的棱角处剪切受力。

（4）卸扣表面应光滑，不应有毛刺、裂纹、夹层等缺陷，不得利用焊接法焊接卸扣的缺陷，如发现疲劳裂纹或永久变形时，应予报废。

违章案例

4.4 滑轮

（1）滑轮不得有裂痕、缺损，有损伤钢丝绳的缺陷时应予更换。

违章案例

滑轮破损

（2）滑轮转动灵活，侧向摆动不得超过滑轮名义尺寸的 0.1%。

（3）滑轮轮槽不均匀磨损达 3mm 时，轮槽壁厚磨损达原壁厚的 20% 时，滑轮轮槽底部直径磨损减少达钢丝绳绳径的 50% 时应予更换。

⊘ 违章案例

轮槽壁厚磨损达原壁厚的 20%

轮槽不均匀磨损达 3mm

轮槽底部直径磨损减少达钢丝绳绳径的 50%

（4）滑轮应有阻挡钢丝绳跳出的防护装置。

防跳出装置

4.5 吊钩

（1）吊钩钩身、部件和螺纹部分有裂纹和负荷试验吊钩开口变形大于 0.25% 时，应停止使用。

（2）在危险断面磨损量大于原尺寸的 10% 时，降级使用。

⊘违章案例

吊钩磨损量过大

吊钩开口过大

（3）衬套磨损大于原厚度的 5% 和销轴磨损量大于名义直径的 3%~5% 时，应更换。

☑ 标准化案例　　⊘ 违章案例

（4）索具应系挂在钩底，防脱装置作用完好。

☑ 标准化案例　　⊘ 违章案例

防脱装置完好

防脱装置损坏

（5）不得使用吊钩作为其他工具使用，不得在吊钩上进行焊接修补缺陷。

⊘违章案例

吊钩焊接

4.6 钢板吊钳

（1）使用前先要检查咬头、垫片、齿间堵塞、磨损状态及其他异常现象，存在安全隐患时禁止使用。

（2）必须在容许荷重及容许板厚范围内使用。

（3）水平钳与垂直钳不能代替使用。

（4）严禁在负重时，长期停留在半空。

水平钳

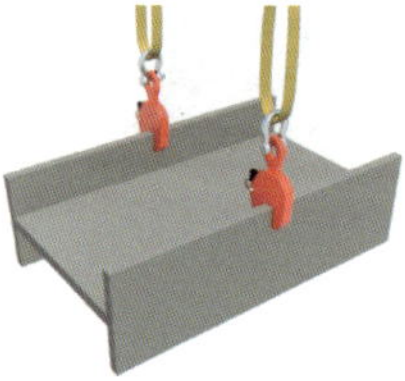

垂直钳

4.7 钢丝绳夹

钢丝绳夹宜选用马鞍型绳夹，螺母应自由拧入，但不得松动，绳夹的使用标准如下表所示，钢丝绳搭接使用时，所用绳夹的数量应按下表数量增加一倍。

使用钢丝绳公称直径 /mm	绳夹个数	钢丝绳夹间的距离 A
$6 \leqslant d \leqslant 18$	3	6~7 倍钢丝绳直径
$18 < d \leqslant 24$	4	
$24 < d \leqslant 32$	5	
$32 < d \leqslant 40$	6	
$40 < d \leqslant 60$	7	

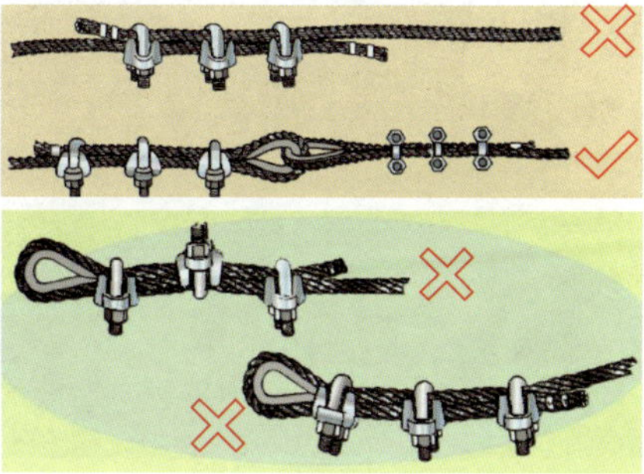

5 起重吊装作业安全管理

5.1 地基处理

大型设备起重吊装前需要对其进行地基处理时，应由施工单位具备相应资质的技术人员编写地基处理施工方案，在施工作业中进行指导和监督，地基处理完毕后，由具有相关资质的检测单位进行检测并出具地基承载力检测报告。

标准化案例

⊘违章案例

地基下陷

5.2 吊物系溜

（1）人力系溜适用于小型吊装，主要是控制重物方向和转动；动力系溜适用于大中型吊装，主要是控制重物运动。

（2）管线单点捆绑吊装时，要系溜于重物自由端，分析管线滑动状态，估算管线滑动力，选择合适的系溜方式。

（3）对于可能发生滑动的情况，要对可能的危险区域实施管制，尽量避免重物在高空架构上滑动，同时，作业人员站位的选择要避开危险区域。

☑ 标准化案例

⊘ 违章案例

无溜绳、人员站位不安全

5.3 过程安全管理

5.3.1 "十不吊"

（1）指挥信号不明或违章指挥不吊。

（2）超载不吊。

（3）工件捆绑不牢不吊（吊物捆绑应牢靠，吊点和吊物的中心应在同一垂直线上）。

（4）被吊工件上有人不吊（当起重臂、吊钩或吊物下方有人，吊物上有人或浮置物时，不得进行起重操作）。

吊物上有人

起重臂下方有人

（5）安全装置不灵不吊（在制动器、安全装置失灵、吊钩防脱装置损坏、钢丝绳损伤达到报废标准等情况下严禁起吊操作）。

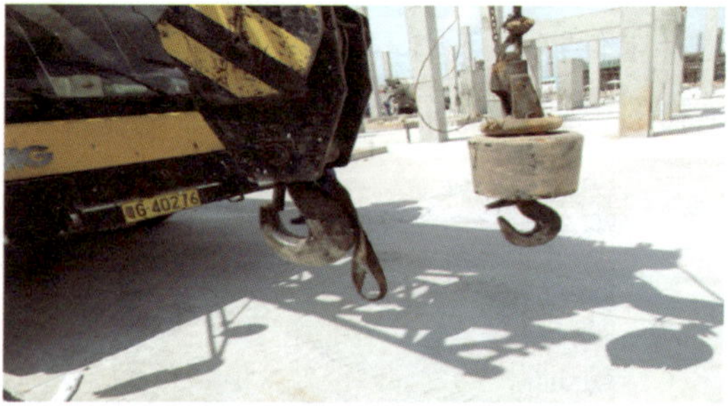

（6）光线阴暗视线不清不吊（无法看清场地、无法看清吊物情况和指挥信号时，不得进行起吊）。

（7）棱角物件无防护措施不吊（棱角吊物与起重吊索具之间没有衬垫时不得进行起吊）。

（8）埋在地下的工件不吊（严禁起吊超负荷或重物质量不明和埋置物体，不得捆挂及起吊不明质

量、与其他重物相连、埋在地下或与其他物体冻结在一起的重物）。

（9）斜拉工件不吊（吊挂不平衡或斜拉重物时不得起吊）。

（10）起重机支垫不牢不吊。

5.3.2 其他安全管理要点

（1）起重机不得靠近架空输电线路作业，当必须在线路近旁作业时，必须采取相应的安全保护措施后方可进行，起重机吊臂及吊物与架空输电导线的最小安全距离应符合下列规定。

吊车及吊件与架空输电导线的安全距离表

项目	输电导线电压 U/kV		
	1 以内	1~35	≥ 60
安全距离 /m	1.5	3	0.01（U–50）+3

（2）在吊装作业时，禁止使用大、小钩同时作业，应采用辅助吊车配合进行吊装作业。

标准化案例

辅助吊车配合作业

违章案例

大小钩同时作业

（3）禁止使用起重机吊钩移送人员，必须使用吊篮进行施工作业时，吊篮的制作、使用应符合国家相关技术规范的规定。

⊘违章案例

用吊钩移送人员

（4）严禁利用管道、管架、电杆、机电设备等作吊装锚点，未经有关部门核算审查，不得将建筑物、构筑物作为锚点。

⊘违章案例

（5）利用两台或多台起重机械吊运同一重物时，升降、运行应保持同步；各台起重机械所承受的载荷不得超过各自额定起重能力的 80%。

（6）应按规定负荷进行起重吊装，机索具经计算选择使用，严禁超负荷运行；大型设备吊装前，应进行试吊。

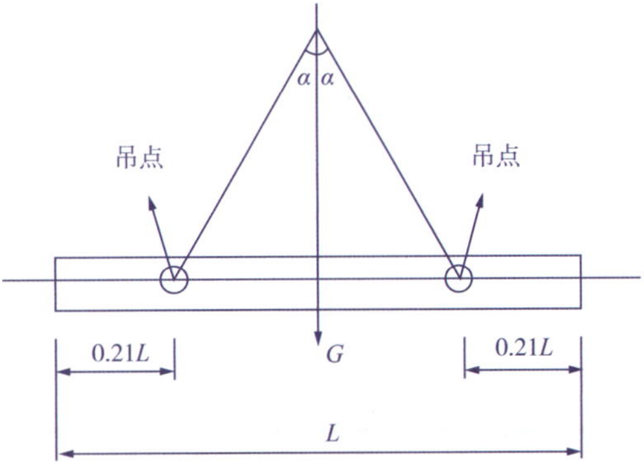

机索具计算

（7）不准用吊钩直接缠绕重物，不得将不同种类或不同规格的索具混在一起使用。

⊘违章案例

不同规格吊装带、钢丝绳混合使用，且无衬垫防护

（8）停工和休息时，不得将吊物、吊笼、吊具和吊索吊在空中。

（9）严禁夜间从事起重吊装作业，室外作业遇到大雪、暴雨、大雾及风速达到 10.8m/s（6 级）以上大风时，应停止起重吊装作业。